U0133430

林业草原科普读本

中 国 湿 地

国家林业和草原局湿地管理司 编
国家林业和草原局宣传中心

中国林業出版社
China Forestry Publishing House

图书在版编目（CIP）数据

中国湿地 / 国家林业和草原局湿地管理司，国家林业和草原局宣传中心编 . — 北京：中国林业出版社，2021.12（2023.10 重印）

ISBN 978-7-5219-1451-1

Ⅰ . ①中… Ⅱ . ①国… Ⅲ . ①沼泽化地—介绍—中国 Ⅳ . ① P942.078

中国版本图书馆 CIP 数据核字（2021）第 258537 号

责任编辑：何　蕊　许　凯
执　　笔：袁丽莉
装帧设计：五色空间
中国湿地
Zhongguo Shidi

出版发行　中国林业出版社
　　　　　（100009，北京市西城区刘海胡同7号，电话：83143580）
电子邮箱：cfphzbs@163.com
网　　址：www.forestry.gov.cn/lycb.html
印　　刷：河北京平诚乾印刷有限公司
版　　次：2022年2月第1版
印　　次：2023年10月第2次印刷
开　　本：787mm×1092mm　1/32
印　　张：4.5
字　　数：80千字
定　　价：35.00元

　　十九届五中全会明确要坚持"绿水青山就是金山银山"理念，坚持尊重自然、顺应自然、保护自然，坚持节约优先、保护优先、自然恢复为主，守住自然生态安全边界。为了让更多人了解中国生态保护所做的努力，使生态保护、人与自然和谐共生的理念深入人心，国家林业和草原局宣传中心组织编写了"林业草原科普读本"，包括《中国国家公园》《中国草原》《中国自然保护地》《中国湿地》《中国荒漠》等分册。

　　湿地与森林、海洋并称为全球三大生态系统，具有涵养水源、净化水质、调蓄洪水、调节气候和维护生物多样性等重要生态服务功能。因此，湿地又被誉为"地球之肾""淡水之源""物种基因库""生物超市""储碳库""物种宝库""人类文明的摇篮"。我国湿地分布广、面积大、类型丰富，从寒温带到热带，从平原到高原，均有湿地分布，几乎涵盖了《湿地公约》所有湿地类型。

十八大以来，党中央、国务院高度重视湿地工作，把湿地保护作为生态文明和美丽中国建设的重要内容，作出了一系列重要决策部署。习近平总书记对湿地保护作出了一系列重要指示批示，并亲自主持中央全面深化改革领导小组第29次会议审议通过《湿地保护修复制度方案》，开启了全面保护湿地的新篇章。国家林草局坚决贯彻落实党中央、国务院重要决策部署，认真履行湿地资源监督管理、湿地生态保护修复、《湿地公约》履约等职责。经过30年的努力，湿地保护格局逐步完善，截至2020年，全国共有64处国际重要湿地、602处湿地自然保护区、899处国家湿地公园，湿地保护率超50%。随着《湿地保护法》出台，我国湿地保护将进入高质量发展新时代。

《中国湿地》主要介绍了湿地的定义、分类、分布情况，以及我国湿地保护、修复的经验和成效，旨在使公众认识湿地、了解湿地，呼吁全社会珍爱湿地，强化湿地保护意识，齐心协力保护好"地球之肾"。

编者

2021 年 11 月

▲ 安徽来安池杉湖国家湿地公园秋景

目录 CONTENTS

湿地鸟趣——安徽来安池杉湖国家湿地公园

🐦 鸟的天堂

第一章
认识湿地

　　水是生命之源。蜿蜒于地表上的水流一路奔向大海，滋养了沿途的土地和生命，并形成了特殊的"生命摇篮"——湿地。湿地与森林、海洋并称为"全球三大生态系统"，具有涵养水源、净化水质、调蓄洪水、调节气候和维护生物多样性等重要生态服务功能。因此，湿地又被称为"地球之肾"。保护湿地，人人有责，但并不是人人都可以说出个一二三。什么是湿地？湿地有什么功能？湿地是如何划分的？如何进行湿地的保护与修复？让我们带着这些问题，一起去认识湿地吧！

01 湿地是什么

在我们的日常生活中，大家可能都接触过湿地。即使生活在城市里，周边的湿地公园也很常见。沼泽、池塘、稻田……都是我们很容易想到的湿地种类，那么，如何从科学的角度去诠释湿地？湿地有哪些重要的功能？我们要结合三个重要的文件，来回答大家的问题。

为保护全球湿地以及湿地资源，1971年2月2日，来自18个国家的代表在伊朗拉姆萨尔共同签署了《关于特别是作为水禽栖息地的国际重要湿地公约》(简称《湿地公约》，又称《拉姆萨尔公约》)。列

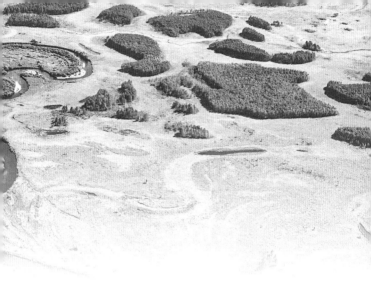

入《湿地公约》目录中的湿地，应在生态学、植物学、动物学、湖沼学或水文学等方面具有独特的国际意义，统称为"国际重要湿地"。《湿地公约》已经成为国际上重要的自然保护公约，受到各国政府的重视。每年的 2 月 2 日也被定为了"世界湿地日"。根据《湿地公约》的广义定义，湿地是指：天然或人工的、永久或季节性的沼泽地、泥炭地或水域，蓄有静止或流动的淡水、微咸或咸水水体，包括低潮时水深不超过 6 米的海域。《中华人民共和国湿地保护法》将湿地定义为："具有显著生态功能的自然或者人工的、常年或者季节性积水地带、水域，包括低潮时水深不超过六米的海域，但是水田以及用于养殖的人工的水域和滩涂除外。"

了解了湿地的概念，下一步就该了解湿地的功能。我们可以参考"千年生态系统评估"，这是由世界卫生组织、联合国环境规划署和世界银行等机构组织开展的国际合作项目，是首次对全球生态系统进行的多层次综合评估。根据《千年生态系统评估报告》的描述，湿地具有供给功能（食品和纤维、淡水、水能、燃料、药品、观赏和环境用植物、遗传基因库等）、调节功能（气候调节、水资源调节、侵蚀控制、水质净化、废弃物处理、人类疾病控制、生物控制等）、文化功能（文化多样性、精神和宗教价值、知

◎ 湿地概貌

识系统、教育价值、美学价值、社会关系、感知、文化遗产价值、休闲旅游等）和支持功能（初级生产、泥炭积累、氮循环、水循环、提供生境等）等生态服务功能。

在世界自然保护联盟、联合国环境规划署和世界自然基金会共同编制的《世界自然保护大纲》中，湿地与森林、海洋并称为"全球三大生态系统"，具有涵养水源、净化水质、调蓄洪水、调节气候和维护生物多样性等重要生态服务功能。因此，湿地又被称为"地球之肾""淡水之源""物种基因库""储碳库""物种宝库""人类文明的摇篮"。

一问一答

Q：世界湿地日是哪一天？

A：1996 年 10 月，《湿地公约》第 19 次常委会议决定，将每年的 2 月 2 日确定为世界湿地日。第 75 届联合国大会第 99 次全体会议于 2021 年 8 月 30 日审议通过了"将每年 2 月 2 日设立为世界湿地日"的决议，2 月 2 日正式成为联合国世界湿地日。

▲ 湿地之春

02 湿地是如何分类的

湿地的种类很多，如何对湿地进行科学的分类呢？

《湿地公约》将湿地划分为 3 类 42 型；第三次全国国土调查及《国土空间调查、规划、用途管制用地用海分类指南》将湿地划为一级地类，包括森林沼泽、灌丛沼泽、沼泽草地、沼泽地、沿海滩涂、内陆滩涂、红树林地 7 个二级地类。

○ 森林沼泽

森林沼泽，指以乔木植物为优势群落、郁闭度 ≥ 0.1 的淡水沼泽。

灌丛沼泽，指以灌木植物为优势群落、覆盖度 ≥ 40% 的淡水沼泽。

沼泽草地，指以天然草本植物为主的沼泽化的低地草甸、高寒草甸。

沼泽地，指除森林沼泽、灌丛沼泽和沼泽草地外，地表经常过湿或有薄层积水，生长沼生或部分沼生和部分湿生、水生或盐生植物的土地，包括草本沼泽、苔藓沼泽、内陆盐沼等。

灌丛沼泽

沼泽草地

沿海滩涂，指沿海大潮高潮位与低潮位之间的潮浸地带，包括海岛的滩涂，不包括已利用的滩涂。

内陆滩涂，指河流、湖泊常水位至洪水位间的滩地，时令河、湖洪水位以下的滩地，水库正常蓄水位与洪水位间的滩地，包括海岛的内陆滩地，不包括已利用的滩地。

○ 草本沼泽

△ 苔藓沼泽

▲ 内陆盐沼

▲ 沿海滩涂

　　红树林地，指沿海生长红树植物的土地，包括红树林苗圃。

　　根据 2019 年自然资源部和国家林草局组织开展的红树林专项调查，我国现有红树植物 37 种，占全

球红树种类的 60%。浙江、福建、广东、广西、海南 5 省（自治区）建立各级各类红树林自然保护地 52 处，约 55% 的红树林纳入自然保护地范围。

一问一答

Q：我国现有红树植物有多少种?

A：根据2019年自然资源部和国家林草局组织开展的红树林专项调查，我国现有红树植物37种。

▲ 红树林

03 我国的湿地是如何分布的

我国湿地资源类型丰富、分布广，从寒温带到热带，从平原到高原山区均有湿地分布。根据第三次全国国土调查（简称"国土三调"）结果，我国现有红树林地40.60万亩、森林沼泽3311.75万亩、灌丛沼泽1132.62万亩、沼泽草地16716.22万亩、沿海滩涂2268.50万亩、内陆滩涂8829.16万亩、沼泽地2905.15万亩，7个湿地二级地类合计35203.99万亩（不包括港澳台地区）。

按照《湿地公约》口径，在"国土三调"其他地类中还有：河流水面13211.75万亩、湖泊水面12697.16万亩、水库水面5052.55万亩、坑塘水面9627.86万亩、沟渠5276.27万亩，盐田933.54万亩。

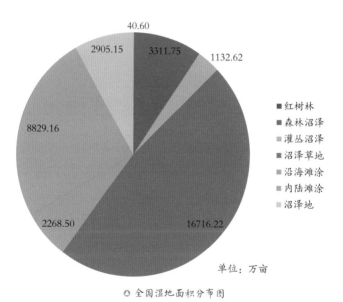

40.60

2905.15 3311.75 1132.62

8829.16

16716.22

2268.50

■ 红树林
■ 森林沼泽
■ 灌丛沼泽
■ 沼泽草地
■ 沿海滩涂
■ 内陆滩涂
■ 沼泽地

单位：万亩

◎ 全国湿地面积分布图

 一问一答

Q：我国湿地包括哪些类型？

 A：根据《土地利用现状分类》（GB/T 21010—2017），湿地包括水田、红树林地、森林沼泽、灌丛沼泽、沼泽草地、盐田、河流水面、湖泊水面、水库水面、坑塘水面、沿海滩涂、内陆滩涂、沟渠、沼泽地等 14 个二级地类，以及不在土地范畴的浅海水域。在"国土三调"时，设立了"湿地"一级地类，包括森林沼泽、灌丛沼泽、沼泽草地、沼泽地、沿海滩涂、内陆滩涂、红树林地 7 个二级地类。

▲ 晨鹭

04 我国的湿地保护修复

党的十八大以来，在习近平生态文明思想的指导下，我国湿地保护修复初步实现了从抢救性保护到全面保护的重大转变，湿地生态状况持续改善。我国以全球4%的湿地，满足了世界1/5的人口对湿地生产、生活、生态和文化的需求，有力地支撑了生态

◎ 黄河首曲国际重要湿地

保护和经济社会可持续发展，为全球湿地保护和合理利用作出了重要贡献。一是法规制度体系日趋完备。2021年，我国出台了《湿地保护法》，截至目前，28个省（自治区、直辖市）出台了湿地保护法规、规章。中央和地方分别制定了湿地保护修复制度方案。二是保护管理体系初步建立。指定了64处国际重要湿地，建立了602处湿地自然保护区、1600多个湿地公园，直接助力于精准脱贫和乡村振兴战

略。三是工程规划体系日益完善。国务院发布《全国湿地保护工程规划》，实施了三个五年期实施规划，中央政府投资198亿元，实施4100多个湿地项目，带动地方共同开展湿地生态保护修复。四是调查监测体系基本形成。开展湿地调查监测，构建林草生态感知系统，通过高新技术实时监控，初步实现监测监管一体化。五是宣教和国际合作广泛开展。结合世界湿地日、爱鸟周等举办形式多样、内容丰富的湿地宣传教育活动。认真履行《湿地公约》义务，广泛开展国际合作和交流，参与全球生态治理，讲好中国湿地故事，树立负责任大国形象。全社会湿地保护意识明显提高。

以下是湿地保护修复的一些典型案例。

🌱 原海湿地

▲ 沼泽湿地退化

● 川西北－甘南高寒沼泽生态恢复

川西北－甘南高寒沼泽地处青藏高原东北缘，是我国高寒沼泽的重要分布区，泥炭地资源丰富，碳储量极高，也是黄河、长江上游的重要水源涵养区和补给区。目前，川西北－甘南地区有若尔盖、黄河首曲、尕海 3 处国际重要湿地。

"十三五"期间，川西北－甘南地区实施湿地保护修复 57.15 万亩，包括湿地植被恢复、侵蚀沟治理、封滩

育草、修建防火通道、鼠兔害防治、黑土滩治理等。

国家"十三五"重点研发计划"退化高寒湿地生态修复技术研发与示范"项目，在四川若尔盖地区选取典型退化高寒沼泽，通过泥炭填埋，在排水湿地中构建溢流堰、透水堰进行表水拦蓄，移植植物繁殖体修复植被等组合措施，遏止人工沟渠排水和土壤水蚀，修复自然水文条件，促进湿地植物生长和恢复泥炭积累。

🔻 退化高寒沼泽修复成效

◆ 平原造林工程湿地恢复成效

● 北京市平原造林工程湿地恢复

2012-2018 年，北京市开展平原造林工程，根据"宜林则林，宜湿则湿"的原则，恢复建设湿地面积 1.46 万亩。延庆蔡家河流域是北京市平原造林面积最大的区域之一，大片林地滨水而建，通过地形改造、水文联通、植被恢复等技术，促进湿地植物群落演替，将退耕地改造为近自然的沼泽湿地，成为众多水鸟的栖息地，发挥涵养水源、补充地下水等重要生态功能，并成为北京市民节假日休憩的好去处。

● 重庆市小微湿地建设

小微湿地主要分布在乡村，与农牧民生产生活息息相关。考虑到小微湿地在生态保护和乡村振兴战略中的重要作用，国家林业和草原局党组在重庆市梁平区双桂湖开展小微湿地保护修复示范建设，总结并推广"小微湿地+"模式，探索满足人民群众对美好生活的向往，推进实现以乡村生态美、百姓富、产业兴为目标的美丽乡村建设新途径。

2021 年，在双桂湖水陆交替带 80 米范围内实施了 550.05 亩环湖小微湿地群修复，丰富了生物多样性，提升了小微湿地的涵养水源、释氧固碳、净化美化环境等功能，鸟类种数由 2018 年的 92 种增至 2021 年的 207 种，水质稳定在 Ⅲ 类，同比 2020 年新解决就业 50 余人，新增收入约 90 万元。同时带动周边地产、旅游、餐饮、康养等 360 余家个体户和农户近 1000 人增收致富，综合收入达 4300 万余元。

目前，双桂湖共有小微湿地群 1500 多亩，已成为绿水青山转化为"金山银山"的生动样板。

🔺 山地梯塘小微湿地修复前后对比图

一问一答

Q:《中华人民共和国湿地保护法》自哪天起施行?

 A:自2022年6月1日起施行。

◐ 浴雪秋趣

05 《湿地公约》履约

了解湿地，一定要先了解《湿地公约》，因为这是人与自然的一场重要约定。《湿地公约》的全称为《关于特别是作为水禽栖息地的国际重要湿地公约》，于1971年2月2日在伊朗拉姆萨尔签署，1975年12月21日正式生效，是全球第一个政府间多边环境公约，现有172个缔约方。公约秘书处设在瑞士格兰德镇。《湿地公约》的宗旨是：通过地方和国家行动及国际合作，推动所有湿地的保护和合理利用，为实现全球可持续发展做出贡献。

经过50年的发展历程，公约逐步建立了一套完整的以缔约方大会、常委会、科技委员会等为主的管理体系和科技支撑体系，其中缔约方大会是公约的最高决策机构。公约主要以指定国际重要湿地等方式，推动各缔约方保护和可持续利用湿地资源。

截至2021年10月，共有2431处湿地列入《国际重要湿地名录》，面积达37.5亿亩。公约内涵也由关注水禽栖息地和迁徙水鸟的保护，延伸到注重湿地生态系统整体功能的发挥。

　　我国于 1992 年 7 月 31 日正式加入《湿地公约》，自加入以来，通过开展国际湿地城市认证、国际重要湿地管理、开展世界湿地日宣传等多方面工作，积极履行公约。并且，经国务院批准并经公约第 57 次常委会审议通过，我国成功申办《湿地公约》第十四届缔约方大会，大会主要任务是：落实联合国 2030 年可持续发展议程，制定湿地保护和合理利用的全球性战略、政策和促进国际合作。大会将于 2022 年 11 月 21—29 日在湖北武汉举办，这是我国首次承办该国际会议。

🔺 我国成功申办《湿地公约》第十四届缔约方大会

● 开展国际湿地城市认证

国际湿地城市，是符合《湿地公约》认证标准，由缔约国政府提名，经《湿地公约》批准并颁发"湿地城市"证书的城市。根据《湿地公约》第十二届缔约方大会关于《湿地公约》湿地城市认证的决议（12.10号），2017年，公约决定在全球范围内首次启动国际湿地城市认证工作，将国际湿地城市作为在全球范围内推广《湿地公约》湿地保护目标、原则、方法和决议的样板。

2017年7月18日，国家林业局印发了《国际湿地城市认证提名暂行办法》和《国际湿地城市认证提名指标》。2020年，国家林草局对原办法和指标进行了修订，并于2020年12月25日印发，进一步规范了国际湿地城市认证相关工作。2018年，在《湿地公约》第十三届缔约方大会上，来自7个国家的18座城市获得全球首批"国际湿地城市"称号，常熟市、海口市、常德市、东营市、银川市、哈尔滨市6座中国城市获此殊荣。

● 国际重要湿地管理

《湿地公约》要求"每个缔约方应指定其领土内

的适当湿地列入《国际重要湿地名录》，并负责维护其生态特征和功能"。公约第 4.2 号建议确定了最初的国际重要湿地指定标准，后经第 6.2、7.11 和 9.1 号决议进行修订和完善，形成指定国际重要湿地的 9 条标准。

为履行公约义务，我国共分 11 批次指定了 64 处国际重要湿地，其中内地 63 处，香港 1 处，总面积 10980 万亩。每年对国际重要湿地生态状况开展监测并发布《中国国际重要湿地生态状况白皮书》。按照《湿地公约》要求，我国定期对国际重要湿地有关数据信息进行更新，科学掌握国际重要湿地生态状况变化情况，并定期举办国际重要湿地研讨培训班，交流经验，加强能力建设，提高湿地保护管理水平。

● 开展世界湿地日宣传

1997 年，《湿地公约》将每年 2 月 2 日定为世界湿地日，并要求举办内容丰富、形式多样的活动，宣传湿地的功能和价值，使公众了解湿地对人类和地球的重要意义，提高公众保护意识。我国自加入公约以来，认真履行国际义务，积极开展不同形式的世界湿地日宣传活动，印发世界湿地日海报，宣传我国湿地

保护成就和生态文明成果，营造良好社会氛围。

历年世界湿地日主题如下：

1997 年：湿地是生命之源

1998 年：湿地之水，水之湿地

1999 年：人与湿地，息息相关

2000 年：珍惜我们共同的国际重要湿地

⚫ 2021 年世界湿地日宣传海报

2001 年：湿地世界——有待探索的世界

2002 年：湿地：水、生命和文化

2003 年：没有湿地——就没有水

2004 年：从高山到海洋，湿地在为人类服务

2005 年：湿地生物多样性和文化多样性

2006 年：湿地与减贫

2007 年：湿地与鱼类

2008 年：健康的湿地，健康的人类

2009 年：从上游到下游，湿地连着你和我

2010 年：湿地、生物多样性与气候变化

2011 年：森林与水和湿地息息相关

2012 年：湿地与旅游

2013 年：湿地和水资源管理

2014 年：湿地与农业

2015 年：湿地：我们的未来

2016 年：湿地与未来：可持续的生计

2017 年：湿地减少灾害风险

2018 年：湿地——可持续发展城镇的未来

2019 年：湿地——应对气候变化

2020 年：湿地与生物多样性：湿地滋润生命

2021 年：湿地与水：同生命　互相依

一问一答

Q：《湿地公约》第十四届缔约方大会的主要任务是什么？

A：大会主要任务是：落实联合国 2030 年可持续发展议程，制定湿地保护和合理利用的全球性战略、政策和促进国际合作。

▲ 广西龙胜龙脊梯田国家湿地公园雪景

06 湿地公园

　　湿地公园是我国为抢救性保护湿地而设立的一种保护形式。顾名思义，是要以水为主体，以湿地良好生态环境和多样化湿地景观资源为基础，以湿地科普宣教、湿地功能利用、湿地文化弘扬等为主题，具有

🔖 广东广州海珠国家湿地公园

湿地保护与利用、科普教育、湿地研究、生态观光、休闲娱乐等多种功能的区域。

2004 年国务院办公厅印发《关于加强湿地保护管理的通知》，提出采取建立各种类型湿地公园等形式加强湿地保护管理，对湿地实行抢救性保护。2005 年，浙江杭州西溪开始我国第一个国家湿地公园试点建设，拉开了国家湿地公园建设管理的序幕。

浙江杭州西溪国家湿地公园

国家湿地公园首要目的是保护湿地生态系统，兼顾合理利用湿地资源和开展湿地科普宣教等功能，遵循"全面保护、科学修复、合理利用、持续发展"的方针。

截至 2021 年，国家湿地公园遍布全国 31 个

◎ 湖南桂阳春陵国家湿地公园

省（自治区、直辖市），总数达 899 个，有效保护了 3600 万亩湿地，带动区域经济增长 500 多亿元，直接帮扶贫困人口近万人，约 90% 的国家湿地公园向公众免费开放，成为人民群众共享的绿色空间和"绿水青山就是金山银山"理念的生动实践。

 一问一答

Q：国家湿地公园建设的目的与方针是什么？

 A：国家湿地公园首要目的是保护湿地生态系统，兼顾合理利用湿地资源和开展湿地科普宣教等功能，遵循"全面保护、科学修复、合理利用、持续发展"的方针。

⬥ 嘎曲晨雾

第二章
走进中国湿地

　　国际重要湿地是指符合《湿地公约》评估标准，由缔约国提出加入申请，由《湿地公约》秘书处批准后列入《国际重要湿地名录》的湿地。被认定的国际重要湿地越多，证明湿地保护与修复的成效越好。

　　国家湿地公园是指以保护湿地生态系统、合理利用湿地资源、开展湿地宣传教育和科学研究为目的，经国家林草局批准设立，按照有关规定予以保护和管理的特定区域。国家湿地公园是自然保护地体系的重要组成部分，属社会公益事业，国家鼓励公民、法人和其他组织捐资或者志愿者参与国家湿地公园保护和建设工作。

　　这一章，我们将走进 7 个国际重要湿地和 5 个国家湿地公园。这些湿地有怎样的秀丽风光与丰富物种呢？让我们一起走进中国湿地，探索水与自然的奥秘吧！

▲ 黑龙江扎龙国际重要湿地

01　黑龙江扎龙国际重要湿地

　　"世界大湿地、中国鹤家乡"你知道说的是哪里吗？山美，水美，鹤美，当属黑龙江扎龙国家级自然保护区（以下简称"扎龙保护区"）。扎龙保护区始建于1979年，1987年晋升为国家级自然保护区，1992年被列入《国际重要湿地名录》。扎龙保护区总面积315万亩，是以丹顶鹤等珍稀水禽及其赖以生

存的湿地生态系统为主要保护对象的野生动物类型自然保护区。

扎龙保护区是我国同纬度地区保留最完整、最原始、最开阔的以芦苇沼泽为主的内陆湿地和水域生态系统，也称扎龙湿地。湿地内湖泊星罗棋布、河道纵横、水质清纯、苇草肥美、资源丰富，有鸟类269种、高等植物468种、鱼类46种。全世界共有鹤类

15种，中国有9种，而扎龙保护区就有6种，分别是丹顶鹤、白枕鹤、灰鹤、白头鹤、白鹤和蓑羽鹤。扎龙保护区野生丹顶鹤种群数量稳定在300只左右，成为目前世界上面积最大、数量最多的野生丹顶鹤栖息繁殖地。

扎龙保护区通过严格管护、科学研究、社区共建、环境教育、实施湿地长效生态补水机制和核心区居民搬迁等一系列举措，较好地保持了生态完整性和湿地景观的原始性，已经成为全球国际重要湿地17个成功保护范例之一。

40多年来，以徐铁林、徐秀娟等为代表的几代扎龙人，为了丹顶鹤的安宁和湿地的永续，不忘初心，默默坚守，用他们的智慧、汗水甚至生命，奋力践行着习近平总书记提出的"绿水青山就是金山银山"理念，努力传承着"爱岗敬业、无私奉献"的扎龙精神。

△ 丹顶鹤母子情深

 一问一答

Q：黑龙江扎龙国家级自然保护区有哪几种鹤类分布？

 A：共6种，分别是丹顶鹤、白枕鹤、灰鹤、白头鹤、白鹤和蓑羽鹤。

引吭高歌

02 吉林向海国际重要湿地

在吉林有这样一句话："东有长白，西有向海。"其中，"向海"指的就是向海国家级自然保护区（以下简称"保护区"）。保护区位于吉林省西部白城市通榆县境内，科尔沁草原中部，西与内蒙古科右中旗接壤，北与洮南市相邻，全区南北最长 45 千米，东西最宽 42 千米，总面积 158.2 万亩。保护区于 1986 年晋升为国家级自然保护区，1992 年被列入《国际

○ 迁徙

重要湿地名录》，主要保护对象为丹顶鹤、白鹤等珍禽及其栖息生态环境，属内陆湿地和水域生态系统类型自然保护区。

保护区的湿地资源十分丰富，这里地势平缓，低洼地散状分布，霍林河、额穆泰河和文牛格尺河流经此处时，流速变缓，河床逐渐消失后，形成了众多的淡水湖泊、芦苇沼泽、泡沼、内陆水系等自然湿地。保护区内的湿地面积为 58.35 万亩，占总面积的 36.88%。

同时保护区又地处科尔沁沙地中部，特殊的地理

▲ 吉林向海国际重要湿地

位置和地貌水文条件孕育了芦苇沼泽植被、羊草草原植被、沙丘榆林枣树疏林灌丛植被、水生植被等复杂多样的植被类型，为野生动物的栖息和繁衍提供了适宜场所和食物来源。

保护区的物种十分丰富，已统计的脊椎动物有372种，以鸟纲动物居多，共18目52科316种。可记载的植物有96科595种，包括蓝藻门、真菌门、蕨类植物门、裸子植物门、被子植物门五大门类。保护区内的国家重点保护野生动物共77种，其中国家一级重点保护野生动物22种，国家二级重点保护野生动物55种；被列入《濒危野生动植物种国际贸易公约》濒危物种共有49种，其中鸟类45种，哺乳类4种。

值得一提的是保护区内的水禽。丰富的湿地资源孕育形成了湿地、草原、森林等多种生态系统类型，为多种珍稀水禽提供了良好的栖息生境，是东亚－澳大利西亚迁徙大通道的重要组成部分。保护区水鸟共134种，占保护区鸟类总数的42.41%。每年春秋两季，大量水鸟在向海湿地集结补充能量或繁殖生育。保护区内的国家一级重点保护野生鸟类有22种，其中，东方白鹳、黑鹳、白头鹤、丹顶鹤、白鹤等都是全球珍稀、濒危的水禽种类，也是保护区的重点保护对象，具有极高的保护价值。

△ 吉林向海国际重要湿地

一问一答

Q：全球共有9条候鸟迁徙路线，向海国家级自
然保护区是哪条迁徙通道的组成部分呢？

A：向海国家级自然保护区是东亚-澳大利西亚
迁徙大通道的重要组成部分。

▲ 吉林向海国际重要湿地

03 青海湖鸟岛国际重要湿地

青海湖将天空的纯净、草原的辽阔、湖水的宁静，完美地融合在一起，宛若天地间的一幅画卷，连接历史，绵延未来，让人忍不住沉醉其中，获取心灵的片刻安宁。

◎青海湖鸟岛国际重要湿地

　　被誉为"高原蓝宝石"的青海湖地处青藏高原东北部，是我国最大的内陆咸水湖，是世界高原内陆湖泊湿地类型的典型代表，是水鸟重要繁殖地和迁徙通道的主要节点，是我国西部重要的水源涵养地和水气循环通道，是维系青藏高原生态安全的重要水体，是阻止西部荒漠化向东蔓延的天然屏障，被称为我国西北部的"气候调节器""空气加湿器"和"青藏高原

▲ 青海湖鸟岛国际重要湿地

物种基因库"。

青海湖自然景观丰富独特,具有国家级地质遗迹、独特的湖沙景观、唯一可见的生物奇观,被列入青海省建立以国家公园为主体的自然保护地体系示范省的重要组成部分。1992 年,青海湖鸟岛被列入《国际重要湿地名录》,履行国际水禽资源栖息地和湿地保护的义务和责任。

青海湖鸟类以雁形目数量居多,雀形目、鸻形目、雁形目种类较多,共 225 种,列入《中日保护候鸟协定》的鸟类有 50 种,列入《中澳保护候鸟协定》的鸟类有 24 种。青海湖是中亚一印度、东亚一澳大利西亚国际水鸟迁徙的重要节点和青藏高原水鸟重要的越冬地,水鸟种类 95 种,占青藏高原水鸟种类的 70%,约占全国水鸟种类的 33%,每年在青海湖繁殖的斑头雁、棕头鸥、渔鸥、普通鸬鹚繁殖种群达到全球繁殖种群的 30%,每年春、秋两季,途经青海湖迁徙停留的水鸟达 10 万余只,其中有 11~14 种水鸟的种群数量达到或超过全球分布种群数量的 1%,每年冬季在青海湖越冬的水鸟达 1 万余只,其中国家二级重点保护野生动物大天鹅约 1500 只,国家一级重点保护野生动物黑颈鹤在青海湖湿地草甸地带栖息繁殖。

青海湖除了丰富的生物多样性，其周边秀丽的自然风光、独特的牧区文化、丰富的地方美食，都让人大开眼界，来的时候千万别忘记品尝一下当地牧民亲手制作的青稞酒、酸奶、手抓肉。

△ 青海湖鱼鸟共生

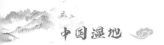

一问一答

Q：我国最大的咸水湖是哪个湖？

A：我国最大的咸水湖是位于我国青藏高原东北部的青海湖。

▲ 青海湖湖滨的普氏原羚

△ 江西鄱阳湖国际重要湿地

04　江西鄱阳湖国际重要湿地

　　江西鄱阳湖国家级自然保护区位于鄱阳湖西北角，地跨新建、永修、星子三县，总面积为 33.6 万亩。保护区于 1992 年被列入《国际重要湿地名录》，保护区内湿地生态系统结构完整，生物资源丰富，并且四季分明、景色怡人。

春天，这里是一片广袤无垠的大草原，有高高的南荻和芦苇，也有低矮成片的薹草和美丽的紫云英（红花草）；夏天，这里烟波浩渺水连天，是一汪无边无际的水体，被民间誉为"鄱阳湖海"；秋天，这里硕果累累，稻浪滚滚，是一派丰收的景象；冬天，这里枯水一线，滩涂尽显，看似荒凉，实则热闹非凡，超过60万只越冬候鸟在此栖息，是一个充满生机的"候鸟天堂"。

据统计，保护区内共有鸟类 383 种、哺乳类 31 种、两栖类 13 种、爬行类 49 种、鱼类 122 种、底栖动物 47 种、浮游动物 130 种、浮游植物 50 种、昆虫 226 种、高等植物 476 种和变种。国家一级重点保护野生鸟类有 19 种，国家二级重点保护野生鸟类 73 种，中国特有鸟类 4 种，《世界自然保护联盟濒危

▽ 灰鹤

物种红色名录》(《IUCN 濒危物种红色名录》) 受胁物种
33 种，包括极危物种 3 种、濒危物种 4 种。每年到鄱
阳湖越冬的候鸟数量多达 20 万 ~40 万只，其中近 10
年越冬白鹤监测到最高数量达 4000 余只（2011 年
12 月 18 日），占全球白鹤总数的 98% 以上。

一问一答

Q：《世界自然保护联盟濒危物种红色名录》受
胁物种，有多少种分布在江西鄱阳湖国家
级自然保护区？

A：33种。

05　湖南东洞庭湖国际重要湿地

湖南东洞庭湖国家级自然保护区位于我国第二大淡水湖——洞庭湖东部、被誉为"中国观鸟之都"的岳阳市境内，原面积285万亩，其中核心区43.5万亩，缓冲区54.6万亩，实验区186.9万亩。2018

⊙ 湖南东洞庭湖国际重要湿地

年 2 月经国务院批准范围和功能区调整后，保护区总面积 236.44 万亩，其中核心区 49.93 万亩，缓冲区 48.55 万亩，实验区 137.96 万亩。

　　湖南东洞庭湖国家级自然保护区是湖南省最早成立的湿地类型保护区，主要保护对象为区域内以鸟类、麋鹿等为代表的野生动物资源及其栖息地和以东洞庭湖为主体的湿地生态系统。东洞庭湖是洞庭湖的

▲ 湖南东洞庭湖国际重要湿地鸟群

本底湖，其独特和多样化的湿地生态环境，孕育和承载了极其丰富的湿地自然资源。

经科学考察，保护区内已记录到鸟类359种，其中国家一级重点保护的有白鹤、白头鹤、东方白鹳、黑鹳、大鸨、中华秋沙鸭、白尾海雕等18种，二级重点保护的有小天鹅、鸳鸯、灰鹤、白额雁等66种，

▽ 麋鹿群

中日和中澳双边保护的鸟类 187 种。保护区内还记录到淡水鱼类 117 种，野生植物和归化植物 1186 种，还栖息有我国自然野化程度最高的麋鹿种群，以及比熊猫数量还稀少的长江江豚。同时，也是我国乃至全球水鸟最重要的越冬地、繁殖地和停歇地之一，每年冬季在此栖息的越冬水鸟近 30 万只。

一问一答

Q：湖南省最早成立的湿地类型的保护区是
　　哪个？

A：湖南东洞庭湖国家级自然保护区。

▲ 湖南东洞庭湖国际重要湿地夏季景观

06 海南东寨港国际重要湿地

东寨港位于海南省海口市东北角，古称东斋港或东争港，是铺前湾的内湾。保护区成立于1980年1月3日，1986年7月被确定为国家级自然保护区，1992年被列入《国际重要湿地名录》，2006年被国

家林业局评定为全国示范保护区。

东寨港是我国建立的第一个以红树林为主的湿地类型的自然保护区，是迄今为止我国红树林中连片面积最大、树种最多、林分保育最好、生物多样性最丰富的自然保护区。保护区面积5万亩，红树林面积2.66万亩；区内动植物资源丰富，有红树植物19科36种，占全国的97%，鸟类212种、软体动物115

⊙ 海南东寨港国际重要湿地

▲ 和尚蟹

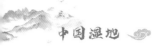

种、鱼类 160 种、虾蟹等甲壳类动物 70 多种。

什么是红树林呢？红树林是热带、亚热带滨海潮间带以常绿灌木或乔木群落为主的湿地生态系统，其大部分树种属于红树科，生态学上通称为红树林，是能生长于海水中的绿色植物。保护区里的红树林生长良好，涨潮时分，茂密的红树林树干被潮水淹没，只露出翠绿的树冠随波荡漾，成为壮观的"海上森林"，有水鸟展翅其间，游人可乘小舟深入林中。

一些红树种属具有特异的"胎生"繁殖现象，种子在母树上的果实内萌芽，长成小苗后，同果实一起从树上掉下来，插入泥滩只要 2~3 个小时，就可以成长为新林。如果落在海水里，随波逐流，数月不死，见泥生根。红树是海南热带海岸的重要标志之一，能防浪护岸，又是鱼虾繁衍栖息的理想场所。

保护区为净化大气和水体，抵御台风等自然灾害，保障沿海人民生命财产安全发挥了不可替代的重要作用。

▲ 滩涂鱼

一问一答

Q：我国建立的第一个以红树林为主的湿地类
型自然保护区叫什么？

A：海南东寨港国家级自然保护区。

黑脸琵鹭

07　云南大山包黑颈鹤国际重要湿地

　　云南大山包黑颈鹤国际重要湿地位于昭通市昭阳区西凉山片区，距昭通市区63千米，总面积28.8万亩；湿地内最低海拔2210米，最高海拔3364米。气候冬寒夏凉，年平均气温为6.2℃，年日照数

△ 云南大山包黑颈鹤国际重要湿地

2200~2300 小时，无霜期 80~125 天，年降水量
1100~1340 毫米。大山包国际重要湿地的主要保护
对象为黑颈鹤及亚高山沼泽化草甸湿地生态系统。

黑颈鹤是我国特有的世界性珍稀鹤类，是世界
上 15 种鹤中被科学界发现最晚、且唯一生活在海拔
2500~5000 米高原上的鹤类，属国际濒危、国家一
级重点保护野生动物。在大山包湿地越冬的黑颈鹤主

要栖息在大海子、跳墩河湿地，自 1990 年以来，大山包越冬黑颈鹤种群数量已由 300 余只增长到 2021 年的 1395 只。大山包湿地为世界上 10% 以上的黑颈鹤种群提供了良好生境，是云贵高原最重要的黑颈鹤越冬栖息地。

大山包历史上就是黑颈鹤的越冬栖息地，勤劳善良的大山包人民与黑颈鹤和谐相处。他们把湿地视为人类神圣的家园，把生活在湿地中的黑颈鹤视为

❤ 归鹤

"神鸟"，要是有人捕杀或者伤害了黑颈鹤，村民们就要组织起来到"海边"（其实就是湿地）祭海，祈求"神灵"的宽恕，祈祷上天的保佑。因为有大山包人民的敬海护鸟义举，才有了今天的大山包这块美丽的湿地和高原精灵——黑颈鹤。

　　现在，大山包的村民都知道黑颈鹤是国家一级重点保护野生动物，不能伤害，而且遇到伤、病的黑颈鹤，都会主动送到大海子管理站救治。

▼ 云南大山包国际重要湿地风光

一问一答

Q：云南大山包国际重要湿地的主要保护对象
有哪些？

A：黑颈鹤，亚高山沼泽化草甸湿地生态系统。

08 浙江杭州西溪国家湿地公园

西溪，古称河渚，"曲水弯环，群山四绕，名园古刹，前后踵接，又多芦汀沙溆"，这便是古人笔下的西溪印象。浙江杭州西溪国家湿地公园位于杭州市区西部，总面积约为1.73万亩。湿地公园项目共分三期，分别于2005年、2007年和2009年竣工后对外开放。

公园内生态资源丰富、自然景观幽雅、文化积淀深厚，是我国罕见的城中次生湿地，也是中国第一个集城市湿地、农耕湿地、文化湿地于一体的国家级湿地公园。

⬇ 浙江杭州西溪国家湿地公园

为加强生态保护，西溪湿地内设置了费家塘、虾龙滩、朝天暮漾、包家埭和合建港五大生态保护区和生态恢复区，入口处设湿地科普展示馆。此外，西溪还是鸟的天堂，园区设有多处观鸟区及观鸟亭，给游客呈现出群鸟欢飞的壮丽景观。

2020 年监测结果显示，西溪湿地有维管束植物 711 种、鸟类 193 种、昆虫 898 种。总体水质保持为 III 类，核心区域可达 II 类。

作为中国首个国家湿地公园，浙江杭州西溪国家湿地公园按照习近平同志在 2005 年 4 月 30 日开园贺信中提出的要求，遵循习近平总书记 2020 年 3 月 31 日西溪湿地考察重要讲话精神，围绕打造"世界湿地保护与利用的典范"和"世界级旅游目的地"两大目标，合理利用湿地自然生态资源和历史人文资源发展生态旅游，探索了一条湿地保护与利用双赢的西溪之路，成为"绿水青山就是金山银山"的生动案例，获得"国际重要湿地""国家生态文明教育基地"等 30 余项国家级以上荣誉。

浙江杭州西溪国家湿地公园已成为中国生态文明建设的重要实践基地，也为全球湿地的保护利用提供了中国方案和中国智慧。

浙江杭州西溪国家湿地公园

一问一答

Q：中国首个国家湿地公园叫什么？

A：浙江杭州西溪国家湿地公园。

▲ 浙江杭州西溪国家湿地公园

09 内蒙古根河源国家湿地公园

内蒙古根河源国家湿地公园位于根河的源头，是中国极少数建在冻土上的国家级湿地公园之一，总面积88.6万亩，各类湿地面积30.4万亩，湿地率34.36%。

湿地公园拥有森林、沼泽、河流、湖泊等多种生

○ 内蒙古根河源国家湿地公园

态系统，森林与湿地交错分布，处于原始或自然状态，野生动植物资源丰富，是众多东亚水禽的繁殖地，是目前我国原生状态最完好、最典型的温带湿地生态系统；有丰富的森林资源，主要树种有兴安落叶松、樟子松、白桦和山杨等。

根河素有"天然药库"之称，野生植物资源3000多种，其中，中草药420种，野生浆果30多种，天然菌类114种。药用植物储量大、分布

内蒙古根河源国家湿地公园

广、质量好，主要有越橘（红豆）、笃斯越橘（笃斯）等，推出了很多市场反应很好的"冷极"品牌产品，比如蓝莓汁、蓝莓干。

　　内蒙古根河源国家湿地公园的野生动物约200种（不包括水生动物和两栖爬行类），在地理区划中属于古北界东北区大兴安岭亚区，动物以林栖型为主。大型兽类主要有驼鹿、马鹿、棕熊、黑熊、貂熊、狍子、野猪等。鸟类也多以林栖型为主，隼形目、鹃形

目、雀形目、鸡形目等鸟类为优势种，主要有花尾榛鸡（飞龙）、细嘴松鸡、松雀鹰、长尾林鸮等。

　　内蒙古根河源国家湿地公园被专家誉为"中国冷极湿地天然博物馆"和"中国环境教育的珠穆朗玛峰"，这里唯一的"污染"是松香，唯一的"噪声"是鸟鸣。2019年5月，内蒙古根河源国家湿地公园获得"森林活动20周年突出贡献单位"荣誉称号，是全国唯一一家受表彰的湿地公园先进单位。

 一问一答

Q：哪个国家湿地公园被专家誉为"中国冷极湿地天然博物馆""中国环境教育的珠穆朗玛峰"？

 A：内蒙古根河源国家湿地公园。

▲ 内蒙古根河源国家湿地公园

10 广西龙胜龙脊梯田国家湿地公园

龙胜县东南部，有片规模宏大的梯田群，从山脚盘绕到山顶，层层叠叠，高低错落。这里就是广西龙胜龙脊梯田国家湿地公园，主要包括平安村、大寨村、小寨村、龙脊村等片区的连片水稻梯田以及海拔在梯田以上汇水区内的部分山林，总面积为 4.48 万亩。

公园内湿地类型主要为稻田湿地、河流湿地及库塘湿地，划分为保育区、恢复重建区、合理利用区。

▼ 广西龙胜龙脊梯田国家湿地公园

保育区包括梯田、汇水面山体植被、库塘以及自然河流区域，面积为 2.99 万亩，既是龙脊梯田湿地的典型，也是湿地公园森林生态系统的重点区域；合理利用区面积为 1.26 万亩，主要包括平安村、大寨村、小寨村、印满田、冲头及湿地公园范围内的其他多个少数民族风情村寨及村寨边沿的梯田区域。

广西龙胜龙脊梯田国家湿地公园是国家重要生态功能区——南岭山地水源涵养与生物多样性保护重要区和武陵山区生物多样性保护与水源涵养重要区的过渡区，同时也是中国生物多样性保护优先区域中南岭区的重要组成；与毗邻的自然保护区共同组成了该区域的生态保护网络体系。

湿地公园内的动植物资源丰富，已知维管束植物 161 科 437 属 659 种，总共记录到 34 个植被类型，水生和陆生脊椎动物 220 种，隶属 5 纲 26 目 74 科。

这里还原生态地保持着壮族和瑶族的语言、建筑、服饰、习俗等传统文化，也被誉为"没有围墙的民族文化博物馆"。

一问一答

Q：广西龙胜龙脊梯田国家湿地公园主要有哪几种湿地类型？分为哪几个区？

A：湿地类型主要为稻田湿地、河流湿地、库塘湿地，划分为保育区、恢复重建区、合理利用区。

广西龙胜龙脊梯田国家湿地公园

 江苏太湖三山岛国家湿地公园

11　江苏太湖三山岛国家湿地公园

　　江苏太湖三山岛国家湿地公园位于江苏省苏州市区西南 50 千米处的太湖之中，以泽山岛、厥山岛、蠡墅岛和三山岛本岛岸线外扩 200 米为四至边界，呈不规则的马蹄形，湿地公园总面积 1.13 万亩。

2011 年经国家林业局批准开展国家湿地公园试点建设，2013 年通过试点建设验收，正式成为国家湿地公园。

湿地公园背山面水，广阔的湖岸带、湖体为动植物提供了丰富的食物和良好的生存繁衍空间，湿地公园内共记录到藻类 97 种，蕨类植物 5 种，裸子植物 7 种，被子植物 146 种；浮游动物 20 种，底栖动物

17种，鱼类55种，两栖、爬行类21种，鸟类69种，哺乳动物10种。

湿地公园区域受城市化影响较小，自然资源得以保存，范围内存有大面积的林地、果园以及太湖水面，在区域气候环境和水环境调控方面发挥着重要的生态作用，远眺保育区，湖光山色，芦风翠影，白鹭

江苏太湖三山岛国家湿地公园

齐飞，鱼鳞影动。

　　与此同时，三山岛历史悠久、文化底蕴深厚，在吴文化的大背景下，湿地公园内还发展有地质文化、太湖石文化、渔文化、船文化、古村落文化等，融合形成了三山岛特色的多元文化体系，为湿地公园的建设和发展奠定了文化底蕴。

一问一答

Q：江苏太湖三山岛国家湿地公园由哪几座岛
组成？

A：泽山岛、厥山岛、蠡墅岛和三山岛。

○ 江苏太湖三山岛国家湿地公园

12 江苏苏州太湖湖滨国家湿地公园

江苏苏州太湖湖滨国家湿地公园位于江苏省苏州市吴中区，规划面积约 1.07 万亩，是太湖流域重要的湖滨湿地，湿地率约 94.8%。2009 年经国家林业局批准开展国家湿地公园试点建设，2014 年通过试点建设验收，正式成为国家湿地公园。

湿地公园内生物资源丰富，具有优美的湖滨湿地生态自然景观，水生生物发育良好，植物群落多样，是众多鸟类、两栖类、爬行类、哺乳类及无脊椎动物栖息繁殖的家园，有蕨类植物 7 种，裸子植物 10 种，被子植物 314 种，鸟类 132 种，鱼类 33 种，

◎ 江苏苏州太湖湖滨国家湿地公园

两栖、爬行动物 10 种，大型底栖动物 15 种，哺乳动物 11 种。

　　湿地公园自建设以来，通过污染源拦截、植被恢复、水草打捞、湖底清淤、冬季枯萎芦苇的轮割等系列措施进行太湖水的综合治理，有效改善了区域内生态环境，提高了湿地资源可持续发展能力。

　　如今的江苏苏州太湖湖滨国家湿地公园，有开阔的水域、蜿蜒的岸线，繁育着多姿多彩的动植物资源，晴朗时碧波荡漾、芦苇摇曳，雨季里水光潋滟、雾霭空濛，天空中鸥鹭翔集，深水处鱼虾嬉戏，是中小学生接受湿地知识培训、获取动植物知识的自然学校，也是公众休闲度假、呼吸新鲜空气的重要场所。

 一问一答

Q：江苏苏州太湖湖滨国家湿地公园为了治理
太湖的水质，做了哪些方面的努力？

 A：污染源拦截、植被恢复、水草打捞、湖底清
淤、冬季枯萎芦苇的轮割等。

拍　　摄：（按姓氏笔画排序）

王庆新　　王勇兵　　韦重杰　　白玉文

冯尔辉　　朱耀军　　刘　伟　　刘兆明

闫　冰　　许　沂　　李彬浩　　李世俊

李连山　　李海青　　杨　涛　　杨　萌

佟伟元　　汪凌峰　　宋林继　　张　平

陈小川　　陈文华　　陈寿安　　陈寿灿

陈新文　　武海涛　　罗为检　　周　强

郑远见　　郑思年　　赵　俊　　赵冷冰

胡斌华　　姚　毅　　秦增玉　　袁兴中

徐卫刚　　高　健　　高　翔　　唐治国

黄苏理　　章颖杭　　谢惠强　　阙永福

潘嵩毅　　魏圆云

图片提供：国家林业和草原局湿地管理司

　　　　　重庆市梁平区湿地保护中心

　　　　　浙江杭州西溪国家湿地公园生态文化研究中心

　　　　　新疆博斯腾湖国家湿地公园

　　　　　江苏苏州太湖湖滨国家湿地公园

　　　　　安徽来安池杉湖国家湿地公园